油气田作业安全监督检查系列丛书

油气田生产辅助系统安全监督检查

中国石化胜利油田安全环保质量督查中心
中国石化胜利油田分公司技术检测中心 ◎组织编写

中国石化出版社
·北京·

内 容 提 要

本书为“油气田作业安全监督检查系列丛书”之一，紧密围绕油气田生产辅助系统安全监督检查的核心内容，详细阐述了监督检查的方法、工具和技术；针对油气田生产辅助系统如二氧化碳注入、制氢、充换电等的特点，提供了具体的监督检查要点。这些内容不仅有助于安全监督人员在实际工作中快速定位问题，也便于管理人员制定有效的安全策略。

本书图文并茂，采用口袋书的形式，简洁清晰、易于理解，可为油气田各级管理人员和一线操作人员实施现场安全监督检查提供参考。

图书在版编目（CIP）数据

油气田生产辅助系统安全监督检查 / 中国石化胜利油田安全环保质量督查中心，中国石化胜利油田分公司技术检测中心组织编写 .— 北京：中国石化出版社，2024. 9.—（油气田作业安全监督检查系列丛书）.

ISBN 978-7-5114-7627-2

Ⅰ. TE38

中国国家版本馆 CIP 数据核字第 2024T6P610 号

中国石化出版社出版发行

地址：北京市东城区安定门外大街 58 号

邮编：100011　电话：（010）57512500

发行部电话：（010）57512575

http：//www.sinopec-press.com

E-mail：press@sinopec.com

北京富泰印刷有限责任公司印刷

全国各地新华书店经销

*

710 毫米 ×1000 毫米 32 开本 1.75 印张 23 千字

2024 年 9 月第 1 版　2024 年 9 月第 1 次印刷

定价：30.00 元

油气田作业安全监督检查系列丛书

编委会

《油气田生产辅助系统安全监督检查》

编委会

主　　编： 张鲁涛　杨　雷

副 主 编： 王　晖　陈连军　张振宇　贾　波

编写人员： 彭代君　宋红兵　王前线　李　刚

李山川　宾永锋　刘　佳　王　美

王逸飞　付　婧　韩　玮　王袁君

前言

PREFACE

为进一步规范上游各专业安全管理，提升监督检查实效性，打造安全监管督查“一把尺子”，中国石化胜利油田分公司组织行业内专家，编写了“油气田作业安全监督检查系列丛书”。该丛书分为6个分册，内容涉及石油工程、地面工程、注采专业（陆上）、注采专业（海上）、油气集输（含原油库和储气库）、生产辅助（注汽、注氮、新能源等）。

本书以油气生产辅助与油气生产新能源为落脚点，在广泛开展生产作业过程危害因素识别与风险评价的基础上，以各区域设备设施为主线，详细列出了安全检查项目和内容并加以整合。本书适用于油气田企业注汽站、注氮站、二氧化碳注入站和新能源设备现场安全检查。

目录

CONTENTS

第一章 概　　述

油气田企业生产辅助系统主要包括以下区域：注汽站、注氮站、二氧化碳注入站和新能源设备现场。

注汽站主要包含注汽锅炉、水处理装置、变配电装置、燃气（流程）管线、注汽（流程）管线等。

注氮站主要包含制氮橇、增压橇、注氮管线及井口。

二氧化碳注入站主要包含储罐橇、注入泵橇、计量分配橇、变配电装置、管汇流程。

新能源设备现场包括光伏设备现场、地热设备现场、余热设备现场、电解水制氢设备现场、充换电现场、储能现场等。其中，光伏设备现场主要包含光伏组件、太阳能逆变器、箱式变电站。地热设备现场主要包含地源热泵机组、空气源热泵机组、橇装单井光热加热装置。余热设备现场主要包含吸收式热泵机组、板式换热器。电解水制氢设备现场主要包含电解水、电解槽、气液分离装置、氧气纯化装置等配套设备。充换电设备现场主要包含充电、换电系统设备。储能设备现场主要包含电池系统设备。

第二章　注汽站安全监督检查

本章主要介绍移动式注汽站区域安全检查注意事项，其中包含注汽锅炉、水处理装置、变配电装置、燃气管线、注汽管线、注汽井口的设备及流程安全检查事项和相关操作注意事项。

一、注汽站区通用安全检查

本节主要介绍移动式注汽站整体布置及通用检查要求。

（1）正确穿戴劳动保护用品，使用合规工具，噪声区佩戴护耳器，巡回检查时应保持安全距离。

（2）移动式注汽站的注汽锅炉对流段与值班室安全距离应大于10m，对流段与注汽井口安全距离应大于20m，注汽井口与值班室的安全距离应大于30m。高压线与设备距离安全要求：< 1kV，大于2m；≤ 10kV，大于3m；33~66kV，大于4m。

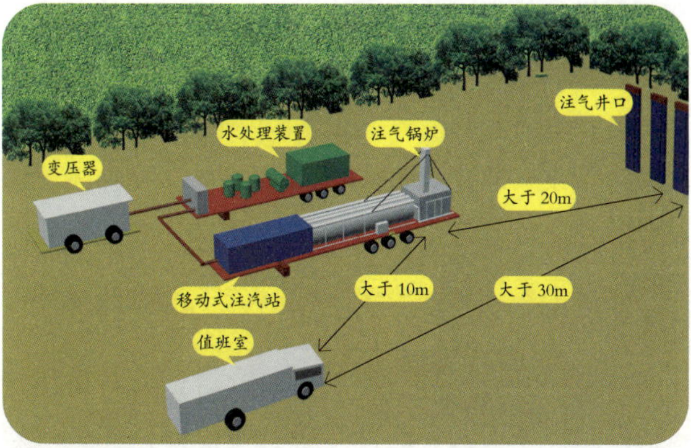

（3）各部分标识标志、警示语醒目齐全。

（4）各部件护栏、护罩齐全完好，接地良好。

（5）设备、仪器仪表、安全阀、有毒有害气体报警器等安全附件，齐全有效，在效验有效期内。

（6）禁止带压进行检维修作业。

（7）视频监控布局合理，满足全区域有效覆盖。

（8）场地照明、应急照明齐全完好，满足亮度要求。消防设施及其附件齐全有效，应急通道保持畅通。

二、注汽站设备检查要求及操作注意事项

本节主要介绍注汽锅炉、水处理装置、变配电装置、燃气管线、注汽管线、注汽井口的设备安全检查

事项和相关操作安全注意事项。

1. 注汽锅炉

（1）注汽锅炉注册、检验证书齐全有效，锅炉拖盘至少应设三道枕木支撑，轮胎不受力，整体无异常振动。

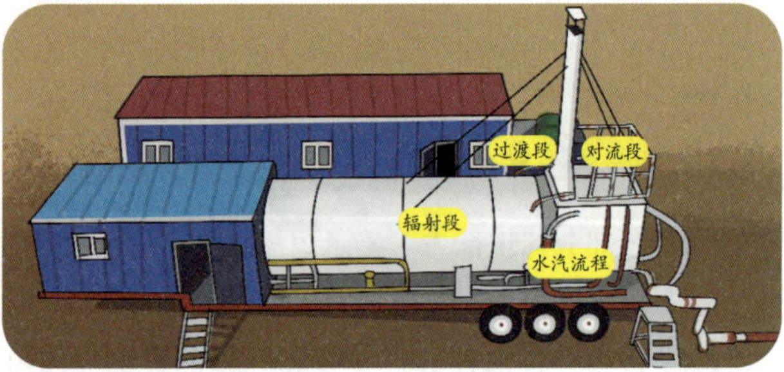

（2）锅炉燃烧稳定，不应烧燎炉管，辐射段、过渡段内保温层应无脱落，外部无烧红烧黑变色、漏烟、漏汽现象。

（3）水汽流程保温完好，无漏水、漏汽现象，燃气流程无泄漏，固定式燃气报警器工作正常。

（4）锅炉报警系统有密码保护，报警参数严格按照设备设计要求设置。

（5）注汽压力、温度、流量、干度符合设计要求，炉膛压力≤0.5kPa、系统压降≤2.5MPa、排烟温度≤160℃、烟气含氧量应在1.9%~6.0%之间。

（6）锅炉点火前保证 5min 强制吹扫，严禁短接程序缩短吹扫时间。

（7）如长时间停炉，应对注汽锅炉采取干式或湿式保护。

（8）停炉 3 个月以上应断开燃气流程，并加盲板。冬季停炉，应扫净水汽流程的残留水，防冻措施到位。

（9）当遇突然停电、停水、高压流程泄漏，安全阀、压力表、温度表损坏，报警系统失灵等紧急情况，应紧急停炉。

2. 水处理装置

（1）水处理装置拖盘至少应设两道枕木，轮胎不受力，整体无异常振动，运行和再生过程中无树脂漏失。

（2）工艺池液位在上下限之间，水质合格后（硬度≤0.1mg/L、含氧量≤0.05mg/L、pH=7.0~12）方可给锅炉供水。

3. 变配电装置

（1）高低压配电柜前后铺设绝缘垫，变压器室（箱变）上锁。

（2）配电室内禁止堆放易燃易爆物品及杂物，电缆（铺设）区域内无积水、油污和杂物，地沟应封闭。

（3）设备、设施用电，应按“一机一闸一保护”规范要求设置。

（4）变压器（箱式变电站）停、送电应戴绝缘手套，由专业电工侧身操作，做到一人操作一人监护。

（5）检维修前必须断电，有电容器的须放电，并悬挂“禁止合闸，有人工作”警示牌，施工过程有专人监护或上锁。

（6）严禁在带负荷情况下断（送）电，特殊天气应避免相关操作。

4. 燃气管线

（1）燃气管线无渗漏、远离热源，手轮、连接法兰跨接线齐全完好，电源穿越处防护良好。

（2）现场作业应佩带便携式复合气体检测报警仪，平稳操作，减压后符合锅炉运行要求。

（3）清理过滤器前，泄压至压力显示为0，并打开放空阀门。

5. 注汽管线

（1）注汽管线、补偿器在有效期内，保温完好无渗漏，管线连接处不悬空受力。

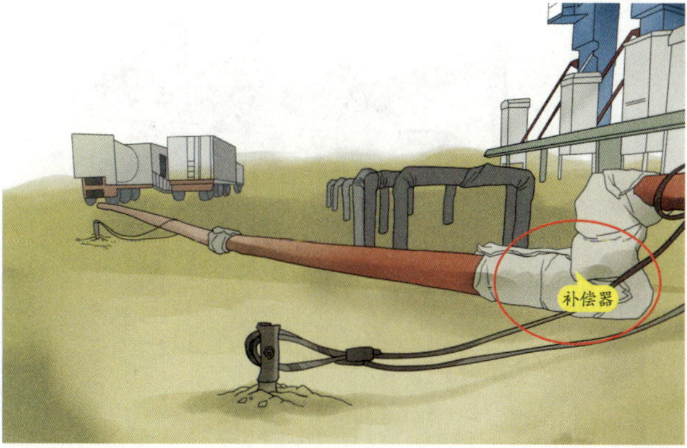

（2）注汽管线每隔 20m 及每台补偿器应用钢丝绳固定于地锚。注汽井口及与其连接的补偿器及第一根注汽管线应用直径不小于 22mm 的钢丝绳固定，其余固定用钢丝绳的直径应不小于 19mm。

（3）每 200m 设置“高温高压，禁止靠近”警示标识，通过人员密集处应加密设置。

（4）远离电缆、燃气管线，穿越处做好防护。

6. 注汽井口

（1）注汽井口完好，阀门、手轮配件齐全，保温完好，无渗漏，有试压报告。

（2）注汽井口应用 3 根不同方向的直径不小于 22mm 的钢丝绳固定在 1.8m 规格的地锚上，地锚旋入后裸露部分不超过 0.3m。

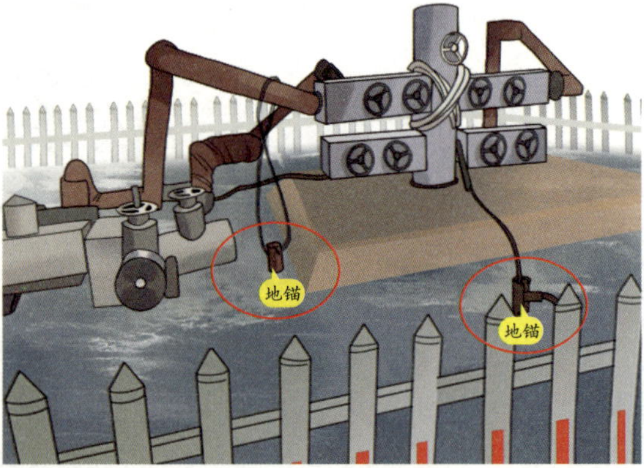

（3）井口倒注时，现场应不少于 2 人，1 人操作 1 人监护，开关阀门时，人员站在上风处，侧身缓慢操作。井口阀门超高操作不便时，应增设稳固的操作平台。

（4）操作涉硫化氢注汽井时，采取相应的个体防护措施。

第三章　注氮站安全监督检查

本章主要介绍移动式注氮站区域安全检查注意事项，其中包含制氮装置、增压装置、变配电装置、注气管线、注气井口的设备安全检查事项和相关操作注意事项。

一、注氮站区通用安全检查

本节主要介绍移动式注氮站整体布置及通用检查要求。

（1）正确穿戴劳动保护用品，使用合规工具，噪声区佩戴护耳器，巡回检查时应保持安全距离。

（2）注氮气设备与注气井口安全距离应大于 9m；值班室与注气井口的安全距离应大于 30m；高压线与设备距离安全要求：< 1kV，大于 2m；≤ 10kV，大于 3m；33~66kV，大于 4m。

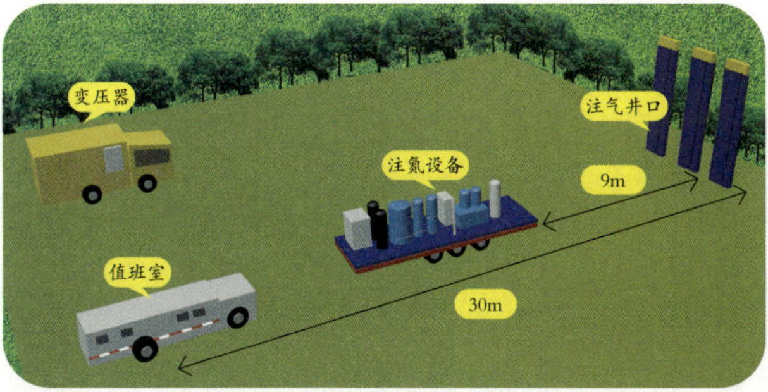

（3）各部分标识标志、警示语醒目齐全。

（4）各部件护栏、护罩齐全完好，接地良好。

（5）设备、仪器仪表、安全阀、有毒有害气体检测报警器等安全附件，齐全完好，在检验有效期内。报警系统有密码保护，报警参数严格按照设计要求设置。

（6）禁止带压进行检维修作业，有电容器的须放电，并悬挂“禁止合闸，有人工作”警示牌，施工过程有人监护或上锁。

（7）视频监控布局合理，满足关键区域有效覆盖。

（8）场地照明、应急照明齐全完好，满足亮度要求。消防设施及其附件齐全有效，应急通道畅通。

二、注氮站设备检查要求及操作注意事项

本节主要介绍制氮橇、增压橇、注氮管线区及井口区域的设备及流程安全检查事项和日常操作中的安全注意事项。

1. 制氮橇

（1）注氮设备拖盘至少应设两道支撑，轮胎不受力，整体无异常振动。

（2）空压机油气分离器润滑油油位应位于视窗1/2~2/3之间，空压机、冷干机散热器无异物、灰尘等堵塞。

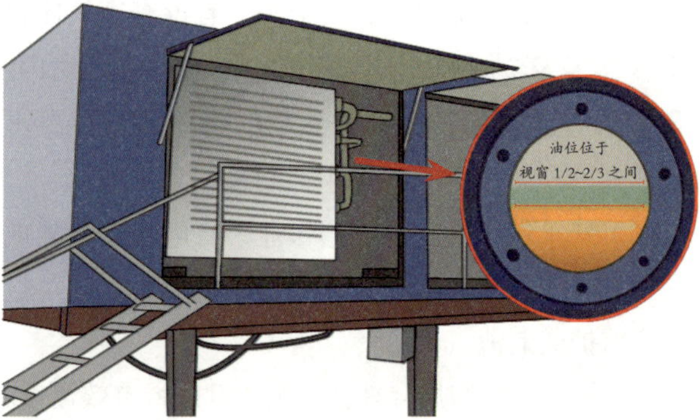

（3）流程上各阀门运行正常，过滤器级间压差在正常范围内，运行过程中无分子筛粉化漏失现象。

（4）油水气流程保温完好，无漏水、漏油、漏气现象。

（5）空压机运转平稳无杂音，膜组、分子筛流程切换正常。

2. 增压橇

（1）药剂箱液位在上下限之间。

（2）增压报警设置系统必须有密码保护，各项报警参数严格按照要求设置。

（3）气缸级间压力、温度在正常范围内（正常范围值内的仪表）。

3. 注氮管线及井口

（1）注气管线、补偿器完好，无渗漏，在有效期内，注气管线连接处不悬空受力。

（2）注气管线每 20m 使用地锚和直径 12~15mm 钢丝绳固定，并设置警戒线及“高压危险，禁止靠近”警示标识，通过人员密集处应加密设置。

（3）井口倒注时，现场应不少于2人，1人操作1人监护。开关阀门时，人员站在上风处，侧身缓慢操作，井口阀门超高操作不便时，应增设稳固的操作平台。

（4）操作涉硫化氢注汽井时，应采取相应的个体防护措施。

第四章　二氧化碳注入站安全监督检查

本章主要介绍二氧化碳注入站区域安全检查注意事项，包含二氧化碳储罐橇、注入泵橇、计量橇、变配电装置的设备安全检查事项和相关操作注意事项。

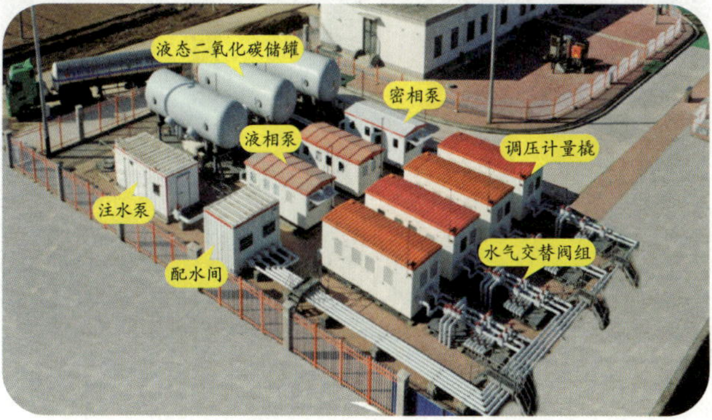

一、二氧化碳注入站通用安全检查

本节主要介绍二氧化碳注入站区域现场布置及通用检查要求。

（1）正确穿戴劳动保护用品，使用合规工具，噪声区佩戴护耳器，巡回检查时应保持安全距离。

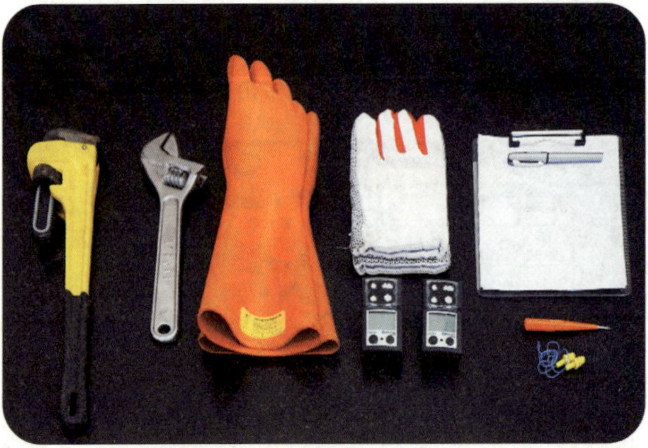

（2）注入站布局合理，接地良好，区域边界清晰，采用围栏、隔栅、警戒线等方式设置明显边界。

（3）门禁管理规范，各部分标识标志、公告牌、警示语、流程走向、设备设施简介及操作规程，清晰醒目。

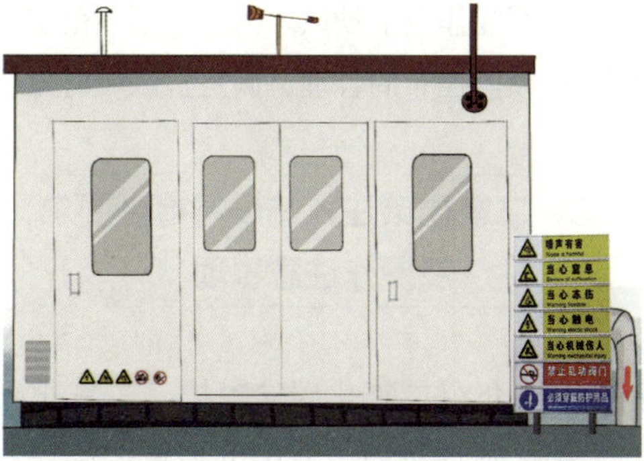

（4）各部件护栏、护罩齐全完好，接地良好。

（5）设备、仪器仪表、安全阀、有毒有害气体报警器等齐全有效，在有效期内。报警系统有密码保护，报警参数严格按照设计要求设置。

（6）禁止带压进行检维修作业，有电容器的须放电，并悬挂“禁止合闸，有人工作”警示牌，施工过程有人监护或上锁。

（7）二氧化碳浓度检测报警系统与排风系统联锁功能有效，浓度超限时应停运。

（8）橇内装设应急照明和照明灯，不得采用吊链和软线吊装，不得装设在设备、母线正上方，与裸导体的水平净距≥ 1m。

（9）场地照明、应急照明齐全完好，满足亮度要求。消防设施及其附件齐全有效，应急通道保持畅通。

（10）对照《作业活动风险清单》逐项落实。

（11）视频监控布局合理，满足全区域有效覆盖。

二、二氧化碳注入站设备检查要求及操作注意事项

本节主要介绍二氧化碳储罐橇、二氧化碳注入泵橇、二氧化碳计量橇、变配电装置、流程管汇区域的设备以及流程的安全检查事项和相关操作注意事项。

1. 二氧化碳储罐橇

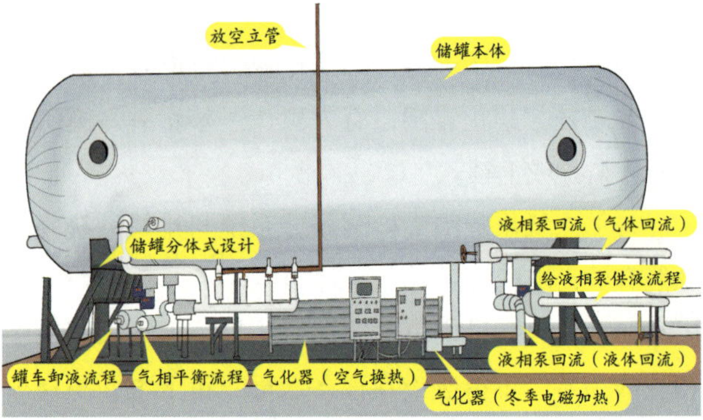

二氧化碳储罐橇

（1）二氧化碳储罐橇有稳压设施，双安全阀措施，压力、温度、液位显示及超限报警功能齐全有效。

（2）二氧化碳储罐区的固定式二氧化碳浓度报警仪具有远传功能。

（3）二氧化碳储罐橇气化器无渗漏，电加热完好有效，阀门灵活好用。

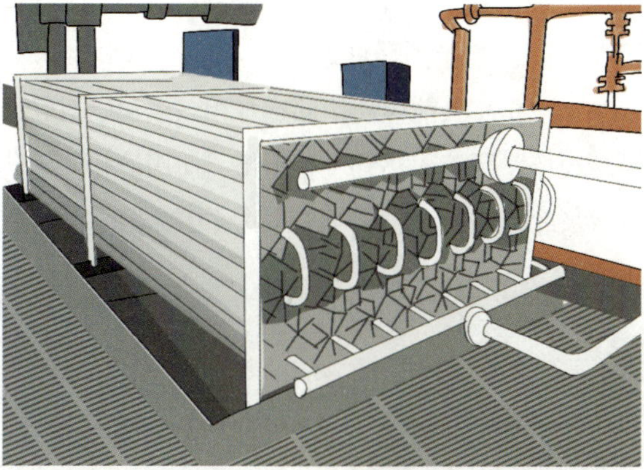

二氧化碳储罐橇气化器

（4）卸车软管应采取锚固或使用绑带进行固定，定期检验。卸车管接口与软管连接处放空阀安全有效，丝扣处有护帽。

（5）罐体与液相管、气相管接口处的紧急切断装置安全有效。

2. 二氧化碳注入泵橇

（1）注入泵出、入口超压报警，本地、远程联锁停泵功能齐全有效。

（2）二氧化碳泄放管应高出站场内平台或建筑物顶 2.0m 以上，放空管有防雨设施。

（3）注入泵曲轴箱内运动部件的润滑油油压及油位在规定范围内。

（4）控制柜、配电箱（盘）导线的进、出线口应开设在底面，绝缘护套良好。

（5）液相注入前应使用储罐气相二氧化碳对管线流程预冷充压，至流程达到气相平衡。使用液相二氧化碳对注入泵液力端预冷，观察注入泵液力端表面结霜情况。

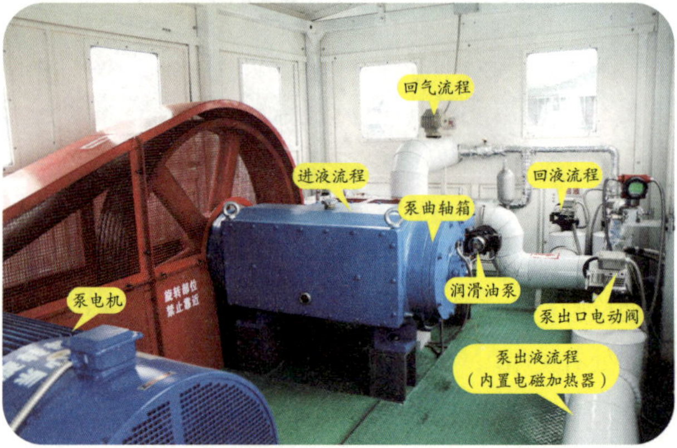

液相二氧化碳注入泵

（6）密相注入前，密相泵出口流程压力应大于 1.5MPa，使用气相二氧化碳或氮气对管线流程进行充压。

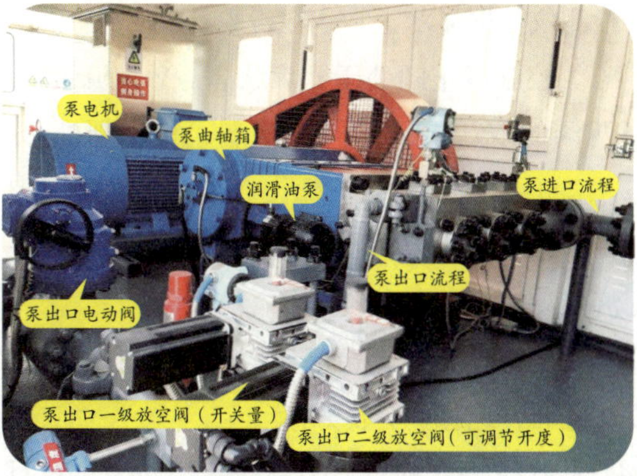

密相二氧化碳注入泵

3. 二氧化碳计量橇

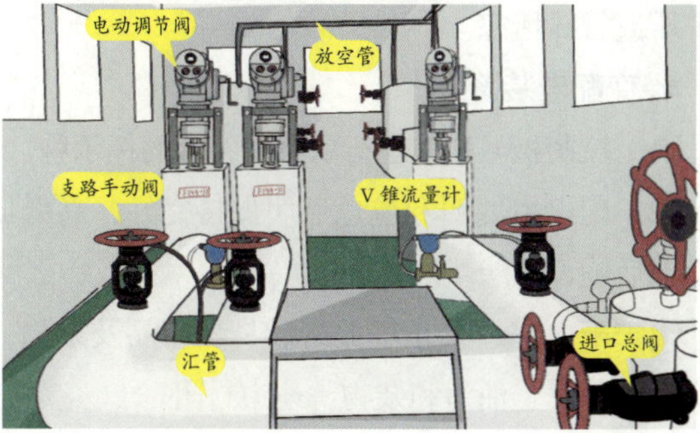

二氧化碳计量橇

（1）计量橇启运前，在上风口用便携式四合一气体检测仪低位检测，计量分配橇内二氧化碳气体含量在 1000ppm（$1ppm=1.96mg/m^3$）范围内，固定式二氧化碳检测仪数据显示正常，在检验有效期内。

（2）控制截止阀处于开启状态，V 锥流量计的三阀组两侧的取压阀处于打开状态，排气阀处于关闭状态。

（3）计量橇内泄漏自动报警、联动通风设施及单流程流量计功能齐全有效。

（4）控制柜、配电箱（盘）导线的进、出线口应开设在底面，绝缘护套良好。

（5）放空操作时，操作人员远离放空口，防止冻伤。

（6）开关阀门时，应注意观察管线压力，避免造成憋压或管线堵塞。

4. 变配电装置

（1）控制柜悬挂与运行状态相符合的标示牌。

（2）配电室照明和应急照明保持完好，高低压配电柜前后铺设绝缘垫。

（3）配电室内禁止堆放易燃易爆物品及杂物，电缆沟内无积水、油污和杂物，地沟封闭。

（4）配电设施所有外门、窗应安装符合安全标准的防鼠挡板、防鸟网。

（5）从事电气操作应戴绝缘手套，必须 2 人以上，1 人操作 1 人监护。

（6）维修前必须侧身断电，开关配电箱门需验电，确认无电后按操作规程操作，有电容器的须放电，并悬挂“禁止合闸，有人工作”警示牌。

5. 流程管汇

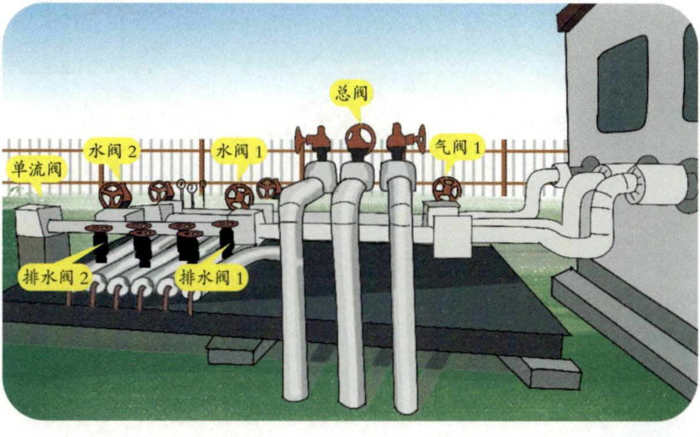

（1）现场操作应佩带便携式复合气体检测报警仪。

（2）操作阀门应侧位站立，缓慢操作，巡回检查时必须在巡检通道内进行，流程放空时应保持安全距离。

（3）压力表更换，应关闭压力表截止阀，卸松压力表，待指针落零后更换。

第五章　光伏设备现场安全监督检查

本章主要介绍光伏设备区安全检查注意事项，其中包含光伏组件、太阳能逆变器、箱式变电站等设备设施安全检查事项和相关操作注意事项。

一、光伏设备现场通用安全检查

本节主要介绍光伏设备设施现场布置及通用检查要求。

（1）正确穿戴劳动保护用品，使用合规的工器具。

（2）光伏设备区围栏完整齐全，设备周边无侵占、无杂物、无油污、平整、无散失器材。

（3）各部分传递安全信息的标志及警示语设置醒目齐全。

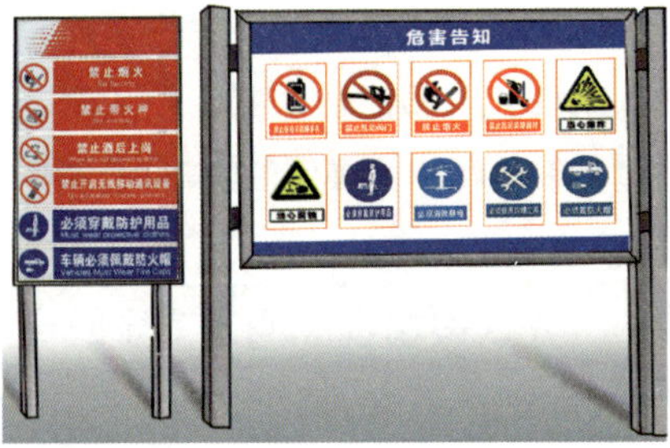

（4）各部件护栏、护罩齐全完好，防雷、接地良好。

（5）设备、仪器仪表、安全阀、有毒有害气体报警器等，齐全有效，在效验有效期内。

（6）光伏组件表面无破碎、开裂、裂纹、弯曲、不规整或损伤，连接线、接头、插件完好，引线、带电部件无外露。各连接部分牢固，无泄漏、腐蚀、磨损。

（7）报警系统有密码保护，严格按照设计要求设置报警参数。

（8）监控布设满足区域有效覆盖，布局合理、图像清晰。

二、光伏设备检查要求及操作注意事项

本节主要介绍光伏组件、太阳能逆变器、箱式变电站等配套设备安全检查及相关操作注意事项。

1. 光伏组件

（1）光伏组件及支架的承重应满足实际可能的最大载荷要求，支架及跟踪系统应具有防风、防腐及防湿热等措施。

（2）光伏设备启停、组件电缆线断开应戴绝缘手套。

（3）光伏组件发生热斑效应时，应立即进行更换。

2. 太阳能逆变器

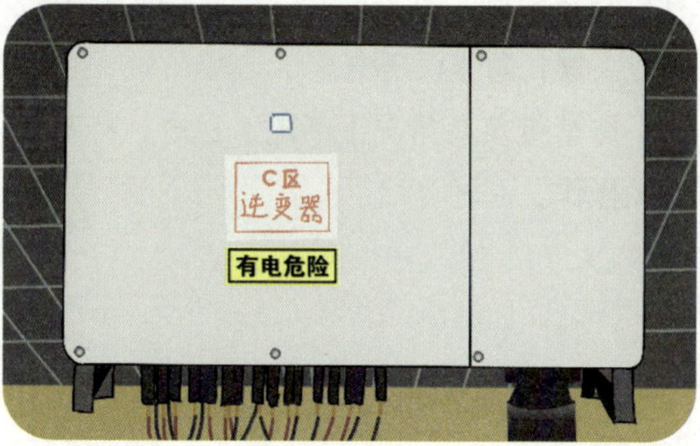

（1）逆变器各部件的温度在规定范围内，输入电压、输出电压、输入电流、输出电流、频率等参数正常。

（2）逆变器进行检测时，应切断直流、交流和控制电源，并采取放电措施。

3. 箱式变电站

（1）箱式变电站照明和应急照明齐全完好，高、低压配电柜前后铺设绝缘垫。

（2）变电站内禁止堆放易燃易爆物品及杂物，电缆铺设区域内无积水、油污、杂物，地沟应封闭。

（3）设备、设施用电，应做到按“一机一闸一保护”规范要求设置。

（4）变配电设施停、送电应戴绝缘器具，由专业电工侧身操作，1 人操作 1 人监护。

（5）维修前须侧身断电，有电容器的须先放电，并悬挂“禁止合闸，有人工作”警示牌，施工过程有人监护或上锁，防止误送电。

（6）严禁带负荷情况下断电、送电，特殊天气应避免相关操作。

第六章　电解水制氢设备现场安全监督检查

本章主要介绍电解水制氢区安全检查注意事项，其中包含电解水制氢等设备设施安全检查事项和相关操作注意事项。

一、电解水制氢设备现场通用安全检查

（1）正确穿戴好劳动防护用品，佩戴防噪声耳塞或耳罩。

（2）光伏制氢设备布局满足工艺流程、施工要求，设备涂色符合规定。

（3）安全警示标志、各类标识、警示语醒目齐全。

（4）设备区围栏完整齐全，设备周边无侵占、无杂物、无油污、无散失器材，应急通道畅通。

（5）设备外观良好，无腐蚀，保温层无破损、无脱落、无潮湿、无跑冷损失。

（6）接口部位、焊接接头等附件无裂纹、无变形、无过热、无泄漏等。

（7）氢氧设备内部的压力禁止超过规定值，防爆设备设施符合规定要求。

（8）监控布设满足区域有效覆盖，布局合理、图像清晰。

二、电解水制氢设备检查要求及操作注意事项

本节主要介绍电解槽、气液分离装置、氧气纯化装置、箱式变电站等配套设备（原料水、碱液相关设备设施）安全检查及相关操作注意事项。

1. 电解槽

（1）电解槽内的碱液循环系统运行正常，排放口无堵塞。

（2）电解槽等设备的温度、压力、流量等参数正常，在温度稳定 2h 后，锁定电解槽，投入电位差联锁。

（3）设备停止运行时，应排放电解液。

（4）当出现事故或设备大量漏碱或漏气体时，自动、手动紧急停车功能安全有效。

2. 气液分离装置

（1）液位、温度计、调节阀的开度变化平稳，氢气、氧气浓度正常。

（2）安全附件开度、调节功能、液位联锁功能有效，在检测有效期内。

（3）氢氧分离器的液位差在 ±150mm 以内。

（4）严禁氢气、氧气由压力设备及管道内急剧放出。

（5）按氢中氧、氧中氢分析仪的使用维护要求进行检维修，分析仪气体流量在规定的刻度上，运行中氢气纯度低时，应排除隐患后才能继续运行。

3. 氧气纯化装置

（1）压力表、气动阀的运行正常。

（2）氧气纯化装置无跑冒、无滴漏等现象。

（3）氢气湿度在合格范围内。

4. 原料水、碱液相关设备设施

（1）原料水箱应保持高水位，严防水箱打空，空气进入柱塞泵内。

（2）碱液箱密封良好，防漏设施安全有效。

（3）碱液箱和原料水箱的盖子应紧闭，防止异物进入。

（4）配制碱液的专用器具应整洁。

（5）碱液循环泵、补水泵运行正常，自动补水功能有效，碱循环良好，循环碱量在 600~700L/h 之间。

（6）涉碱液操作过程，需佩戴防护眼镜、手套等防护器具。

（7）碱液溅到眼睛，应立即冲洗，碱液溅到身上应脱掉衣物后用清水冲洗，视伤情程度送医处理。

（8）碱液储存区域物料存放合规，未用完的碱液应装入容器，加盖密封。

第七章　地热设备现场安全监督检查

本章主要介绍地热设备区安全检查注意事项，包含地热、空气源热泵机组、橇装单井光热加热装置等设备设施安全检查事项和相关操作注意事项。

一、地热设备现场通用检查要求

本节主要介绍地热设备现场区域布置及通用检查要求。

（1）现场操作应正确穿戴劳动防护用品，进入机泵噪声区需佩戴护耳器，巡检时保持安全距离。

（2）设备稳固外观无损、无变形、无锈蚀，布局满足工艺流程、施工要求，涂色符合规定，安全警示标志、各类标识、警示语设置醒目齐全。

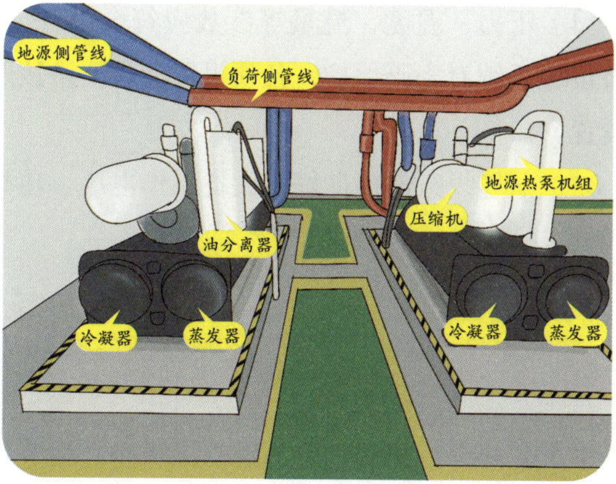

（3）设备护栏完整齐全，机泵旋转部位防护可靠，设备周边无侵占现象，无杂物、无油污、平整无散失器材。

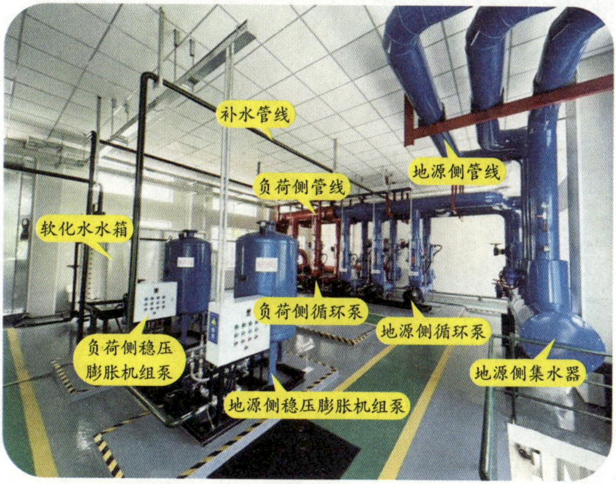

（4）压力、温度、流量等参数应符合设计要求，报警设置系统有密码保护，各项报警参数严格按照要求设置。

（5）电气线路连接良好，设备工作电压、功率符合规定。

二、地热设备检查要求及操作注意事项

本节主要介绍地源、空气源热泵机组、橇装单井光热加热装置的安全检查及相关操作注意事项。

1. 地源、空气源热泵机组

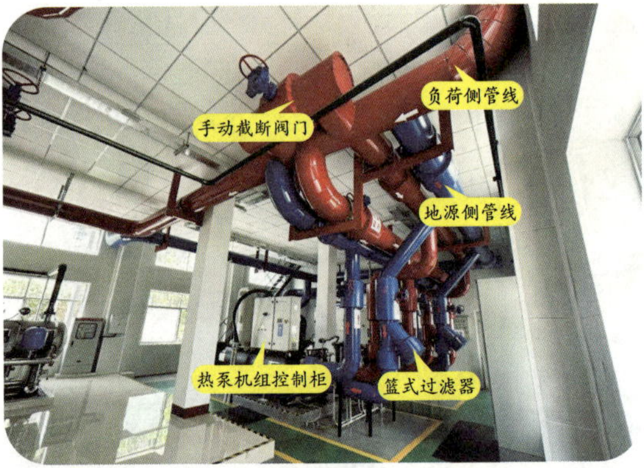

（1）各接口、焊口无泄漏，流程保温完好，无漏水、漏气现象。

（2）送电、断电时戴绝缘手套，侧身操作，悬挂安全警示牌。

2. 橇装单井光热加热装置

（1）设备加热管、温控器正常，装置应定期维护，太阳能集热器表面清洁。

（2）设备、设施用电，应做到“一机一闸一保护”。

（3）操作含硫化氢井的光热加热装置时，应配备正压式呼吸器，佩带便携式硫化氢检测仪，做到一人操作一人监护。

（4）用测温枪测试，定期检查并有记录。

（5）加热装置阀门操作应侧身，先启动后开启。

（6）加热装置操作前，应先断开加热断路器，再进行相关操作。

（7）设备周边消防设施配备齐全。

第八章　余热设备现场安全监督检查

本章主要介绍余热设备区安全检查注意事项，包含吸收式热泵机组、板式换热器等设备设施安全检查事项和相关操作注意事项。

一、余热设备现场通用检查要求

本节主要介绍余热设备现场区域布置及通用检查要点。

（1）正确穿戴劳动防护用品，进入机泵噪声区佩戴护耳器，巡检时保持安全距离。

（2）余热设备涂色符合规定，安全警示标志、各类标识、警示语设置醒目齐全。

（3）余热设备屋内通风量符合要求，护栏完整齐全，设备周边无侵占现象，无杂物、无油污、平整无散失器材。

（4）余热设备接地良好，周边监控布设布局合理，满足监控区域有效覆盖。

二、余热设备检查要求及操作注意事项

1. 吸收式热泵机组

（1）热泵本体无渗漏，密封良好，热泵本体进行隔热与保温，热泵本体开关、阀门灵活好用。

（2）燃烧器能正常启动，联锁装置有效，燃烧器风机正常工作，连接处密封良好无泄漏。

（3）控制屏显示正常、无报警故障代码。

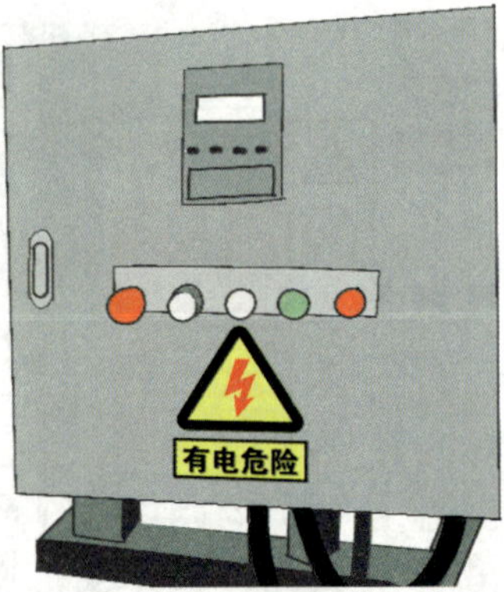

2. 板式换热器

（1）板式换热器无堵塞、无渗漏，温度、压力参数符合设计标准。

（2）设备定期检查，并有记录。

（3）设备周边消防设施（便携式灭火器）配备齐全。

第九章　充换电设备现场安全监督检查

本章主要介绍充换电设备的安全检查注意事项和相关操作注意事项。

一、充换电设备现场通用检查要求

（1）正确穿戴劳动防护用品。

（2）充电设备应布局合理，严禁侵占疏散及消防通道。

（3）充换电设备区域接地良好、消防设备齐全有效、重要设备防盗措施安全可靠。

（4）充电设备与站内汽车通道或充电车位相邻的一侧应设置车挡或防撞（柱）栏，防撞（柱）栏的高度不小于 0.5m。

（5）防雷接地、电气设备的工作接地及保护接地可共用接地装置，接地电阻不大于4Ω。

（6）落地式充电桩安装基础应高出地面0.2m及以上，必要时可安装防撞栏。

（7）充电桩保护接地端子应可靠接地。

（8）充电设备安装在室内时，通风设施有效；装在室外时，防雨、雪的顶棚应齐全可靠。

（9）充电设备应安装在距地面一定高度的地方，满足防雨、防积水要求。

（10）充电设备火灾应设置自动报警系统，自动切断功能可靠有效。

（11）充电设备现场应配置消防设施，禁止移作他用，消防用砂应充足干燥。消防砂箱、消防桶和消防铲、斧把上应涂红色，应急照明完好。

（12）充电枪完好、插芯无变形，内部无积水、积尘。充电枪从车上插上、拔下时无电弧现象，充电线缆无破损。

（13）充电桩平稳牢固、干净整洁，箱体无脱漆、无锈蚀、各部分连接牢固、告警、保护等功能正常，显示器正常。

（14）变压器温度正常，无异响。套管外部无破损裂纹，无放电痕迹及其他异常。变压器冷却风机运转正常。电压指示正常，电压变动范围在允许范围内。变压器引线接头应无过热变色、无弧光闪络痕迹和打火现象。

（15）遮雨棚牢靠基础完好，无下沉、无裂缝、无漏水，排水措施良好。钢结构遮雨棚防腐措施良好、无明显锈蚀。

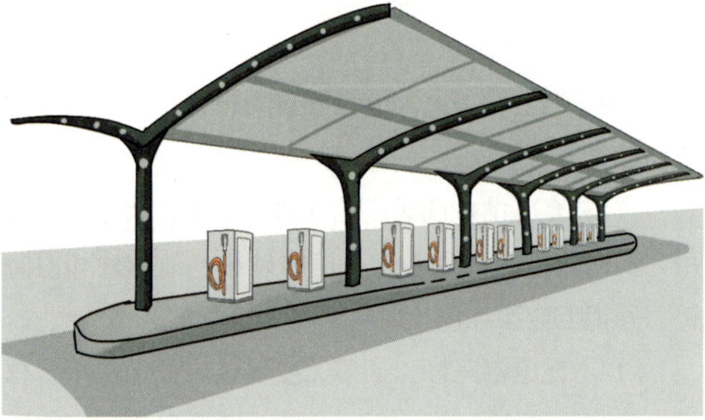

（16）充电桩、充电柜、配电房基础外观完好，砖、石结构基础无裂缝、倾斜、下沉。地面安装的围栏牢固，车辆限位器完好，各处防撞标志清晰完好。

（17）充电桩周围无杂草、无杂物堆积，无较高的农作物、蔓藤植物类接近设备。

二、充换电设备操作注意事项

（1）充电前应先断开电源，严禁带电操作。

（2）检维修前先验电，送（断）电时佩戴绝缘手套，侧身操作，悬挂“禁止合闸，有人工作”安全警示牌。

（3）开关仓、二次开关仓操作前，确保设备正常、环境安全，操作时需遵循规范。

（4）严格按照操作手册操作。

第十章　储能设备现场安全监督检查

本章主要介绍储能设备的安全检查注意事项和相关操作注意事项。

一、储能设备现场通用检查要求

（1）电池系统应设置热隔离和电气隔离措施。

（2）储能系统的设备间、隔墙、隔板等管线开孔部位和电缆进出口应采用防火材料进行封堵。

（3）电池模块外壳、接插件、采集和控制线缆等部件应采用阻燃材料。

（4）电池房（舱）应设置防爆型事故通风装置。

（5）预制电池舱外观、密封良好、无受潮，镀层和防腐层无破损，舱体结构强度应符合要求。

（6）储能系统应设供暖通风和空气调节系统，应满足储能系统正常工作环境（温度：-20~50℃）的要求。

（7）储能系统及网点应安装可闭锁、具有明显开断点、可实现可靠接地功能的开断设备，本地和远程功能可靠有效。

（8）储能设备设施的禁止、警告、指令、提示等标志齐全醒目。

（9）储能变流器的直流侧保护和交流侧保护功能有效，具备防孤岛保护功能，孤岛检测时间应不大于2s。

（10）储能系统四周或一侧应设置维护通道，其净宽应大于 1.2m。

（11）室内的储能系统以及防止凝露引起事故的安全措施应齐全有效。

（12）根据不同的储能设备，应配置专用灭火器。

二、储能设备操作注意事项

（1）正确穿戴劳动防护用品。

（2）在操作前，储能设备应运行正常，电池、电缆、连接器等关键部件连接完好，无异常现象。

（3）在操作过程中，应时刻观察电压、电流、温度等关键参数。若发生异常情况，应立即停止操作，并采取相应的安全措施。

（4）储能设备通风、干燥，周围无杂物，无腐蚀性物质或有害气体。

（5）定期检维护，清洁设备、检查电缆和连接器、更换老化的部件等。